全国建设行业职业教育任务引领型规划教材

建筑 CAD 实训指导书

主　编　谌英娥

中国建筑工业出版社

图书在版编目（CIP）数据

建筑 CAD 实训指导书/谌英娥主编. —北京：中国建筑工业出版社，2016.5（2024.6重印）

全国建设行业职业教育任务引领型规划教材

ISBN 978-7-112-19359-2

Ⅰ.①建… Ⅱ.①谌… Ⅲ.①建筑设计-计算机辅助设计-AutoCAD 软件-职业教育-教材 Ⅳ.①TU201.4

中国版本图书馆 CIP 数据核字（2016）第 081900 号

本书为《建筑 CAD》（谌英娥主编，中国建筑工业出版社出版）的配套用书，旨在提高学生识图、绘图能力，在实训过程中培养学生分析问题、解决问题的能力及团队合作精神。本书共包括 9 个实训项目。为了检验学生的学习效果，书中设计了实训评价表，表中包括多元化评价内容与主体，可进行阶段性、过程性的考核。

本书可以作为中、高职土建类专业学生、教师用书，还可作为技能大赛训练与技能考证用书，也可供建设行业人员自学参考使用。

责任编辑：张 晶 聂 伟
责任校对：王宇枢 姜小莲

全国建设行业职业教育任务引领型规划教材

建筑 CAD 实训指导书

主 编 谌英娥

*

中国建筑工业出版社出版、发行（北京西郊百万庄）

各地新华书店、建筑书店经销

北京红光制版公司制版

建工社（河北）印刷有限公司印刷

*

开本：787×1092毫米 1/16 印张：4¼ 字数：94千字

2016 年 5 月第一版 2024 年 6 月第六次印刷

定价：**12.00**元

ISBN 978-7-112-19359-2

（28625）

前　言

本书为《建筑CAD》（谌英娥主编，中国建筑工业出版社出版）的配套用书，旨在通过实训提高学生识图绘图能力及分析问题解决问题的能力，培养学生的团队合作精神与创新精神。本书设计了多元化评价内容，组织多元化评价主体进行阶段性、过程性的考核，并以此作为检验学生知识掌握程度、技能娴熟程度，评价教师教学质量、调控教学过程、改进教学方法的重要手段。

一、实训项目内容与要求

1. 本书共包括9个实训项目。

2. 本书中的实训项目可作为个人实训项目，也可作为团队合作项目。

3. 实训完成后填写实训评价表。

二、实训成绩考核标准及办法

建筑CAD成绩评定标准为：平时成绩占20%、实训成绩占50%、期末测试占30%，实训成绩用百分制来计，最后乘以50%计入总成绩。

本书针对每个项目设计了不同的考核内容，在内容设计上分为两部分，一部分为专业技能训练，占60%；另一部分为学生的职业能力训练，占40%。在评价主体上，包括学生自评、同学互评、教师评定三个部分，其中自评占30%、互评占30%、师评占40%。

三、实训规则

1. 在实训前明确实训目的、要求、方法和步骤，做好实训前的准备工作。

2. 实训上课前5分钟，实训班级按分组坐好，开好电脑。

3. 在实训期间听从指挥，遵守劳动纪律和规章制度，严格遵守各种安全操作规程，做到安全实训。

4. 实训期间不得大声喧哗、打闹、吸烟；操作设备时不得聊天，不做与实训无关的事。

5. 未经许可不得随意动用非指定实训设备和工具，不能将实训设备带出实训教室，损坏的物品要按有关规定照价赔偿。

6. 保持实训场地整洁卫生，使用完设备后按正常的程序关机、关闭电源，将键盘、鼠标、凳子摆放整齐。

四、本书适用范围

本书可以作为中、高职土建类专业学生、教师用书，还可作为技能大赛训练与技能考试用书，也可供建筑行业人员自学参考使用。

五、参编人员

本书由广西城市建设学校的谌英娥主编。由于编者水平有限，书中若有疏漏与不足之处，敬请读者批评指正。

实训项目 1　窗立面图的绘制 ……………………………………… 1

实训项目 2　卫生间大样图的绘制 ………………………………… 5

实训项目 3　查询命令的应用 ……………………………………… 9

实训项目 4　小型办公楼一层平面图的绘制 ……………………… 15

实训项目 5　办公楼一层平面图的绘制 …………………………… 19

实训项目 6　办公楼三维建筑模型图的生成 ……………………… 29

实训项目 7　办公楼建筑立面图的绘制 …………………………… 36

实训项目 8　办公楼 2-2 楼梯剖面图的绘制 ……………………… 41

实训项目 9　某别墅建筑施工图的绘制 …………………………… 49

实训项目 1

窗立面图的绘制

一、实训目的及要求

熟练运用 AutoCAD 命令绘制窗立面图；掌握 AutoCAD 绘图的基本操作；熟练运用对象捕捉、对象追踪与极轴追踪等透明命令，并结合其他命令快速绘制图形；能简单地进行图形编辑操作，具有发现问题解决问题的能力。

二、实训成果

实训成果如图 1-1 所示。

三、实训内容

1. 熟练进行鼠标与键盘的操作。

2. 掌握三种命令的操作方法：工具栏图标、菜单、命令操作（重点）。

3. 利用直线、矩形、圆弧、对象捕捉与对象追踪等命令绘制窗立面图（图 1-1）。

4. 保存文件，文件名为"实训项目 1 窗立面图"。

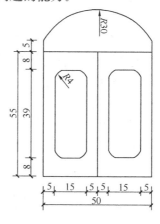

图 1-1 窗立面图

四、实训方法与步骤

1. 绘制 50×55 的矩形。

◆Rec→在绘图区任意单击一点（确定矩形的左下角点）→@50,55（确定矩形的右上角点）。

2. 绘制 AB 直线。

◆L→在矩形上边线的中点 A 处单击→在矩形下边线的 B 处单击，如图 1-2 所示。

3. 将直线 AB 向右偏移作辅助线。

◆O→5（偏移距离为 5）→在 AB 线上单击→在 AB 线右方单击，如图 1-3 所示。

4. 绘制右边 15×39 的圆弧矩形，并删除辅助线。

◆Rec→F（进行圆角的设置）→4（圆角半径）→捕捉中点 C→鼠标垂直向下追踪→19.5（键盘输入 19.5，确定左边圆弧矩形的左下角点）→@15，39（键盘输入@15，39，确定左边圆弧矩形的右上角点），如图 1-4 所示。

◆E→单击所作的辅助线后按空格键删除辅助线，如图 1-5 所示。

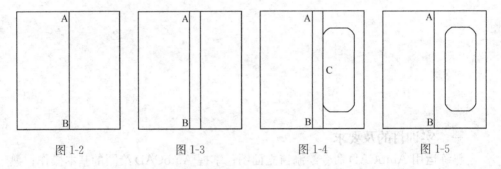

图 1-2   图 1-3   图 1-4   图 1-5

5. 绘制右边距离为 5 的直线。

◆L→在矩形右上角点 D 处单击→鼠标垂直向上→5（输入 5），如图 1-6 所示。

6. 将右边圆弧矩形与 ED 直线向左镜像。

◆Mi→单击右边圆弧矩形→单击 ED 直线→在 A 点位置单击（A 点是镜像的中点）→鼠标垂直向下，单击→回车（默认为不删除原对象），如图 1-7 所示。

7. 绘制圆弧。

◆绘图→圆弧→起点、端点、半径→单击 E 点（圆弧的起点）→单击 F 点（圆弧的端点）→30（从键盘输入圆弧的半径 30），如图 1-8 所示。

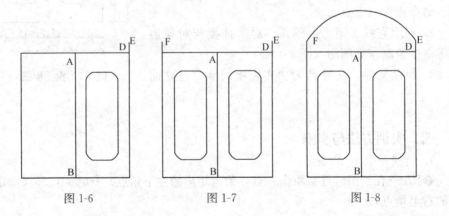

图 1-6   图 1-7   图 1-8

8. 保存文件，文件名为"实训项目1　窗立面图"。

五、拓展实训项目

绘制如图 1-9～图 1-14 所示的图形。

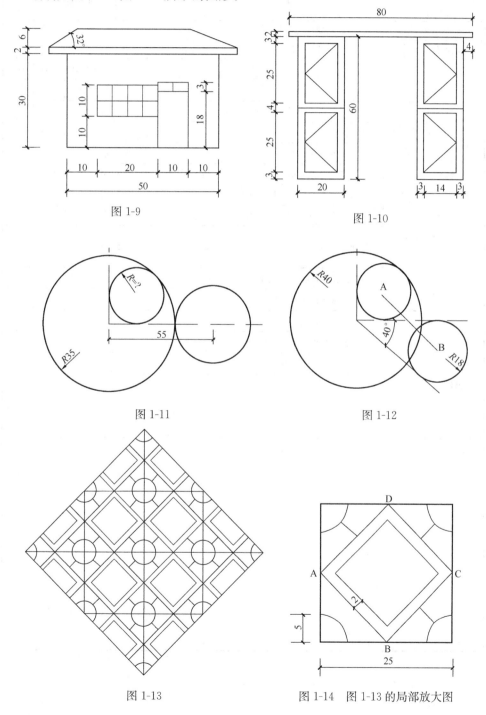

图 1-9

图 1-10

图 1-11

图 1-12

图 1-13

图 1-14　图 1-13 的局部放大图

六、实训项目评价表

实训项目评价表

实训项目名称			窗立面图的绘制			专业名称			
实训时间			实训地点			姓名			
任课教师			实训班级			评价得分			
评价项目							自评	互评	师评
							30%	30%	40%
专业技能 (60%)	绘制图形 (25分)	直线、矩形、圆弧等命令的运用				10分			
		熟练操作键盘、鼠标				10分			
		回车键的灵活运用				5分			
	编辑操作 (25分)	熟练使用对象捕捉、对象追踪等辅助绘图				10分			
		修剪、移动、复制、圆角等命令的运用				10分			
		进行图形的放大缩小、对象的撤消与恢复				5分			
	识图能力 (10分)	快速读图并选用相应的命令进行绘制				10分			
职业能力 (40%)	自我管理能力（纪律）			(10分)					
	团队合作能力			(10分)					
	解决问题的能力			(10分)					
	创新与自我提高的能力			(10分)					
小计									
心得体会：							综合评价		
成果展：									

卫生间大样图的绘制

一、实训目的及要求

熟练进行图层、多线样式的设置，熟练运用多线命令绘制墙线，了解文字与标注，巧妙运用编辑命令绘制图形。

二、实训成果

实训成果如图 2-1 所示。

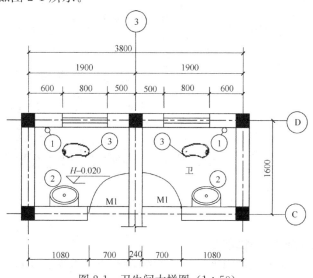

图 2-1　卫生间大样图（1∶50）
①—地漏；②—洗手池，成品安装；③—蹲位
注：图中 H 为同楼层结构面标高。

三、实训内容

1. 创建图层，设置多线样式、文字样式。

2. 利用多线绘制墙与门窗，应用其他命令绘制大样图，了解编辑操作。

3. 进行文字与尺寸的标注，按房屋建筑制图规范进行绘制。

4. 保存文件，文件名为"实训项目 2 卫生间大样图"。

四、实训方法与步骤

1. 建立各图层，具体为轴线（红色，点画线）、墙（白色，0.35 线宽），柱子（白色）、门窗（青色）、标注（绿色）。

2. 在轴线图层上绘制轴线，各个对象绘制在相对应的图层上（如果图形太大，进行视图缩放：Z→A）。

3. 在格式菜单中设置多线样式。

◆格式→多线样式→修改→将直线起点、端点设置为封口，如图 2-2 所示。

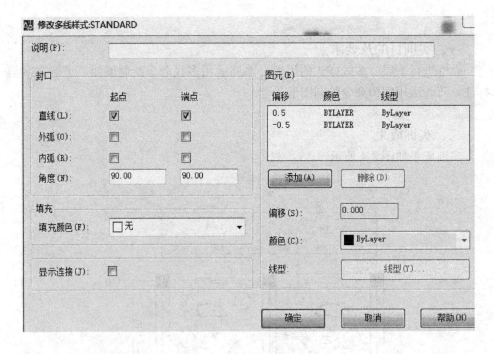

图 2-2 直线起点、端点封口设置

4. 使用 ML 命令绘制墙线。

提示：这是一个对称的图形，可以先绘制左边的厕所，然后镜像生成右边的厕所，在使用 ML 命令进行绘制时，将对正设置为无，比例设为 240，并配合各透明命令。

5. 使用直线命令 L 绘制窗，连续向下偏移 80。

6. 使用直线命令 L 绘制 700 的门，用圆弧菜单中的"起点、端点、方向"绘制圆弧。

7. 用 L 命令绘制柱子，用 H 命令进行填充，再用 Co 命令将绘制好的柱子复制到各个目标位置。

8. 如果只绘制了左边的厕所，则用镜像生成右边的厕所。如果左右全部绘制了，则省去此步。

9. 在标注图层中进行标注；标注样式进行如下的设置：

直线选项：超出尺寸线与起点偏移量都设为 2，基线间距设为 8。

符号和箭头选项：箭头改为建筑标记。

调整选项：全局比例设为 50。

10. 使用多行文字进行图名的书写，文字的字号设为 350。

11. 保存文件，文件名为"实项目 2　卫生间大样图"。

五、拓展实训项目

绘制四扇推拉门立面图，如图 2-3 所示。

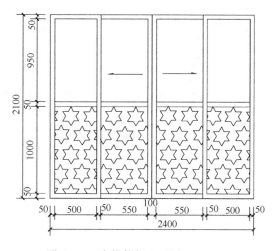

图 2-3　四扇推拉门立面图（1：30）

六、实训项目评价表

实训项目评价表

实训 项目名称			卫生间大样图的绘制		专业名称		
实训时间			实训地点		姓名		
任课教师			实训班级		评价得分		
评 价 项 目					自评	互评	师评
					30%	30%	40%
专业技能 （60%）	绘制图形 （25分）	图层的建立		10分			
		多线、多段线等命令的使用技巧		10分			
		门窗绘制的熟练程度		5分			
	编辑操作 （25分）	熟练进行键盘鼠标的操作，熟练使用透明命令		10分			
		修剪、移动、复制、多线等编辑命令的运用		10分			
		图形对象的放大缩小、对象的撤消与恢复		5分			
	识图能力 （10分）	识图并分析图形，快速选用命令绘制图形		10分			
职业能力 （40%）	自我管理能力（纪律）　　　　（10分）						
	团队合作能力　　　　（10分）						
	解决问题的能力　　　　（10分）						
	创新与自我提高的能力　　　　（10分）						
小计							
心得体会：					综合 评价		
成果展：							

实训项目 3

查询命令的应用

一、实训目的及要求

熟练地使用 AutoCAD 命令绘制与编辑图形，按照题目要求查询图形的距离、坐标、面积。

二、实训成果

见"四、实训题目"。

三、实训内容

1. 建立图层。

2. 利用 AutoCAD 的绘图命令与编辑命令绘制图形。

3. 进行尺寸的标注。

4. 得到结果，并填写结果。

5. 保存文件，文件名为"实训项目 3 查询"。

四、实训题目

1. 将长度和角度精度设置为小数点后四位，绘制图 3-1，求 A 点坐标及 O_1O_2 的距离。

操作步骤（仅供参考）：

（1）建立两个图层：图、辅助线；

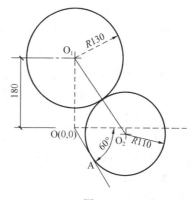

图 3-1

A 点的坐标为 _____

O_1O_2 的距离＝ _____

（2）用直线命令 L 绘制两条虚线作为辅助线（注意 O 点位置）；

（3）绘制半径为 130 的圆，距离 O 点 180；

（4）将极轴的增量角设为 60°；

（5）绘制 OA 直线，直线夹角追踪到 300°；

（6）使用"相切、相切、半径"绘制半径为 110 的小圆；

（7）用坐标（Id）查询出坐标值，查询完成后将文字复制在图形一侧；

◆Id→单击 A 点。

说明：如果 O 点不在（0，0）点，每个同学所查询的 A 点坐标都不相同，所以要将 O 点使用移动命令 M 移到（0，0）点。方法如下：

◆M→将所有图形全部选中→回车→单击 O 点（O 点为移动的基点）→0，0（输入坐标原点）；

◆Z→A（将图形全部显示出来）。

（8）用距离（Di）查询出 O_1O_2 的距离，查询完成后将文字复制在图形一侧。

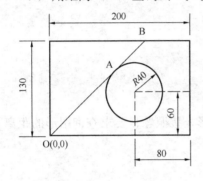

图 3-2

A 点的坐标为 _____

AB 的距离 = _____

2. 将长度和角度精度设置为小数点后四位，绘制图 3-2，求 A 点坐标及 AB 的距离。

操作步骤（仅供参考）：

（1）上题完成后，用移动 M 命令将图移开，因为本题的图形要用到（0，0）点。

（2）用 Rec 绘制 200×130 的矩形，注意 O 点的坐标在（0，0）。

（3）绘制半径为 40 的圆，注意圆心距离矩形右下角的相对坐标为（@-80，60）。

◆C→按住 Shift＋鼠标右键→选自→单击矩形右下角点作为基点→@-80，60（从键盘输入数值，确定圆心的位置）→40（输入圆的半径）。

（4）将对象捕捉中的切点捕捉勾选上。

（5）绘制 OA 直线。

◆L→单击 O 点→鼠标移到圆上→单击圆的切点位置。

（6）延伸 OA 直线至 B 点。

◆EX→单击 B 点所在的直线→回车→单击 OA 直线。

（7）用坐标（Id）命令查询坐标值，查询完成后将文字复制在图形一侧。

◆Id→单击 A 点。

说明：如果 O 点不在（0，0）点，每个同学所查询的 A 点坐都不一致，所以要将 O 点使用移动命令 M 移到（0，0）点。方法如下：

◆M→将所有图形全部选中→回车→单击 O 点（O 点为移动的基点）→0，0（输入坐标原点）；

◆Z→A（将图形全部显示出来）。

（8）用距离（Di）命令查询 AB 的距离，查询完成后将文字复制在图形一侧。

3. 将长度和角度精度设置为小数点后四位，绘制图 3-3，求阴影部面的面积与周长。

4. 将长度和角度精度设置为小数点后四位，绘制图 3-4，求三角形 ABC 的面积与周长。

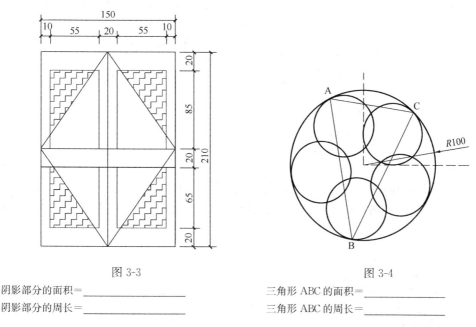

图 3-3

阴影部分的面积＝＿＿＿＿＿＿＿＿＿＿

阴影部分的周长＝＿＿＿＿＿＿＿＿＿＿

图 3-4

三角形 ABC 的面积＝＿＿＿＿＿＿＿＿＿

三角形 ABC 的周长＝＿＿＿＿＿＿＿＿＿

5. 将长度和角度精度设置为小数点后四位，绘制图 3-5，求阴影部分的面积与周长。

6. 将长度和角度精度设置为小数点后四位，绘制图 3-6，求 AB 弧长。

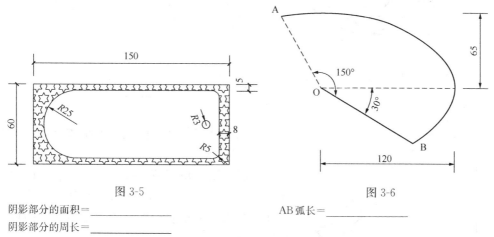

图 3-5

阴影部分的面积＝＿＿＿＿＿＿＿＿＿

阴影部分的周长＝＿＿＿＿＿＿＿＿＿

图 3-6

AB 弧长＝＿＿＿＿＿＿＿＿＿

7. 将长度和角度精度设置为小数点后四位，绘制图 3-7，求阴影部分的面积与周长。

8. 将长度和角度精度设置为小数点后四位，绘制图 3-8，求 AB 的长度。

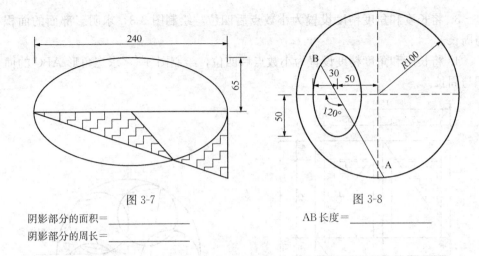

图 3-7

图 3-8

阴影部分的面积=_____

AB 长度=_____

阴影部分的周长=_____

9. 将长度和角度精度设置为小数点后四位，绘制图 3-9，求阴影部分的面积。

10. 将长度和角度精度设置为小数点后四位，绘制图 3-10，求三角形 ABC 的面积与周长。

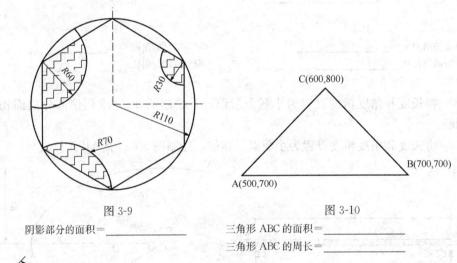

图 3-9

图 3-10

阴影部分的面积=_____

三角形 ABC 的面积=_____

三角形 ABC 的周长=_____

11. 将长度和角度精度设置为小数点后四位，绘制图 3-11，求三角形 ABC 的面积与周长。

12. 将长度和角度精度设置为小数点后四位，绘制图 3-12，求三角形 ABC 的面积与周长。

13. 将长度和角度精度设置为小数点后四位，绘制图 3-13，求 AB 的距离和半径 R。

14. 将长度和角度精度设置为小数点后四位，绘制图 3-14，连接图中 ABC 三点，求三角形 ABC 的面积和周长。

图 3-11

三角形 ABC 的面积=_____
三角形 ABC 的周长=_____

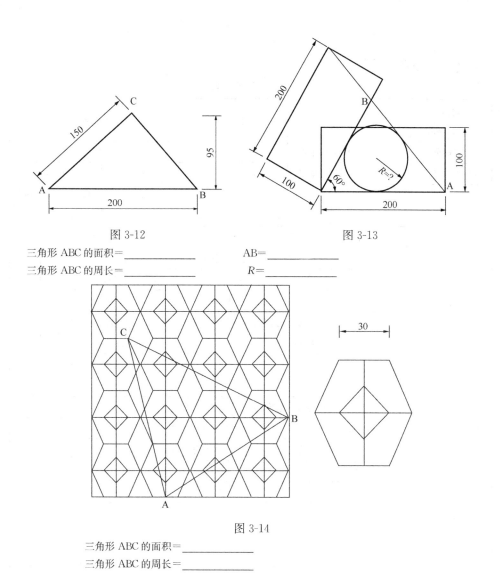

图 3-12

三角形 ABC 的面积＝＿＿＿＿＿＿＿＿
三角形 ABC 的周长＝＿＿＿＿＿＿＿＿

图 3-13

AB＝＿＿＿＿＿＿＿＿
R＝＿＿＿＿＿＿＿＿

图 3-14

三角形 ABC 的面积＝＿＿＿＿＿＿＿＿
三角形 ABC 的周长＝＿＿＿＿＿＿＿＿

15. 将长度和角度精度设置为小数点后四位，绘制图 3-15，求图中最小半圆的面积与周长。

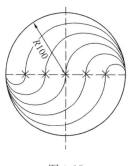

图 3-15

最小半圆的面积＝＿＿＿＿＿＿＿＿
最小半圆的周长＝＿＿＿＿＿＿＿＿

五、实训项目评价表

实训项目评价表

实训项目名称		查询命令的应用				专业名称		
实训时间		实训地点				姓名		
任课教师		实训班级				评价得分		
评 价 项 目						自评	互评	师评
						30%	30%	40%
专业技能（60%）	绘制图形（25分）	熟练运用 L、PL、Rec 等命令绘制图形			10分			
		能灵活运用距离、坐标与面积命令查询			10分			
		熟练运用填充命令			5分			
	编辑操作（25分）	熟练运用对象捕捉、对象追踪、极轴等命令			10分			
		熟练使用修剪、复制、移动等命令编辑图形			10分			
		键盘、鼠标运用的熟练程度			5分			
	识图能力（10分）	识图并分析图形，选用相关命令绘制图形			10分			
职业能力（40%）	自我管理能力（纪律）			（10分）				
	团队合作能力			（10分）				
	解决问题的能力			（10分）				
	创新与自我提高的能力			（10分）				
小计								
心得体会：						综合评价		
成果展：								

小型办公楼一层平面图的绘制

一、实训目的及要求

熟练进行图层的设置，文字样式、标注样式、多线样式的设置，熟练运用命令绘制轴线、墙线、门窗、柱等，熟练进行文字与尺寸的标注，巧妙运用编辑命令绘制图形。

二、实训成果

实训成果如图 4-1 所示。

三、实训内容

1. 建立图层。

2. 设置文字样式、标注样式、多线样式。

3. 根据图形选择合适的图框。

4. 轴线的绘制。

5. 墙线的绘制。

6. 门窗、柱的绘制。

7. 文字与尺寸的标注。

8. 保存文件，文件名为"实训项目 4　小型办公楼一层平面图"。

四、实训方法与步骤

1. 建立各图层，具体为轴线（红色点画线）、墙（白色 0.5 线宽）、柱（白色）、门窗（青色）、标注（绿色）。

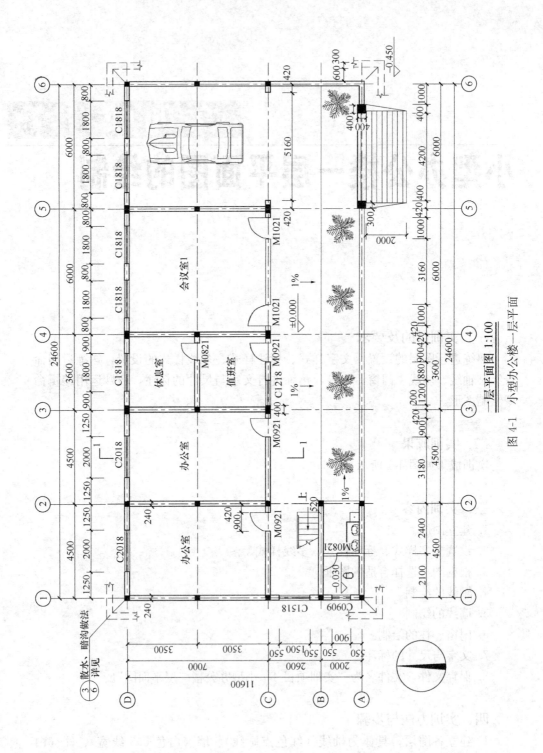

一层平面图 1:100

图 4-1 小型办公楼一层平面

2. 设置文字样式、标注样式、多线样式；多线样式设置为"起点、端点封口"。

3. 根据图形选择合适的图框并进行绘制。

4. 在轴线图层上绘制轴线并进行编辑。

5. 在墙线图层上绘制墙线并进行编辑。

6. 在门窗图层上绘制门窗并进行编辑。

7. 在柱图层上绘制柱并进行编辑。

8. 在标注图层进行文字与尺寸的标注。

9. 保存文件，文件名为"实训项目4 小型办公楼一层平面图"。

五、拓展实训项目

绘制3号住宅楼标准层平面图，如图4-2所示。

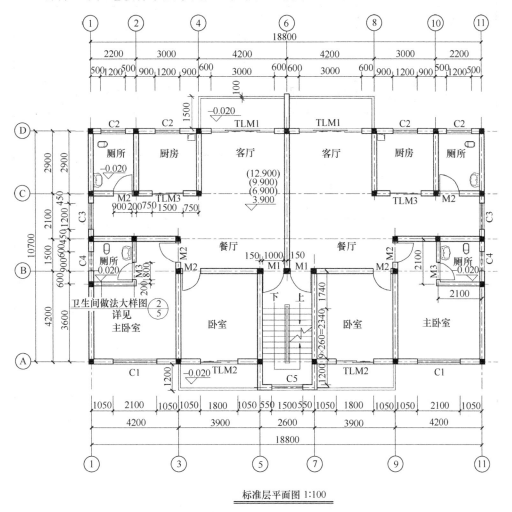

标准层平面图 1:100

图 4-2 3号住宅楼标准层平面图

六、实训项目评价表

实训项目评价表

实训项目名称		小型办公楼一层平面图的绘制			专业名称			
实训时间		实训地点				姓名		
任课教师		实训班级				评价得分		
						自评	互评	师评
						30%	30%	40%
专业技能 (60%)	绘制图形 (25分)	熟练运用命令绘制图形		10分				
		熟练进行文字与尺寸的标注		10分				
		绘制的图形符合建筑制图规范要求		5分				
	编辑操作 (25分)	熟练地运用编辑命令编辑图形		10分				
		进行多线、标注、文字样式的设置		10分				
		准确编辑图形，图形整体效果好		5分				
	识图能力 (10分)	综合分析图形，选用命令绘制图形		10分				
职业能力 (40%)		自我管理能力（纪律）		(10分)				
		团队合作能力		(10分)				
		解决问题的能力		(10分)				
		创新与自我提高的能力		(10分)				
		小计						
心得体会：						综合评价		
成果展：								

18

办公楼一层平面图的绘制

一、实训目的及要求

熟练运用天正软件与 AutoCAD 软件绘制图 5-1,绘制的图形符合建筑制图规范要求。

二、实训成果

实训成果如图 5-1 所示。

三、实训内容

1. 根据图 5-1 绘制一层平面图的"轴网、轴网标注、墙、柱子"。

2. 绘制门窗,进行门窗标注,制作门窗表,并进行三维视图观察。

3. 对房间与卫生间进行布置。

4. 绘制楼梯、阳台、台阶、散水。

5. 进行尺寸与符号的标注。

6. 应用 AutoCAD 命令将图形绘制完成。

7. 保存文件,文件名为"实训项目 5 办公楼一层平面图"。

四、实训方法与步骤

1. 根据图 5-1 绘制一层平面图的"轴网、轴网标注、墙、柱子"。

(1) 绘制轴网(HZZW)

◆轴网柱子→绘制轴网→下开(3200 3200 3900 5200 3900 3200 3200),

上开(3200 3200 3900 2000 3200 3900 3200 3200),

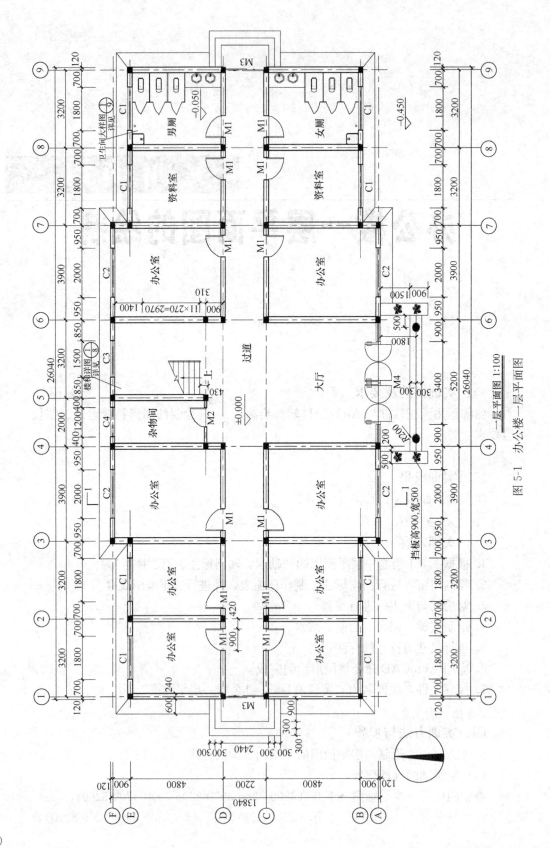

一层平面图 1:100

图 5-1 办公楼一层平面图

左进（900 4800 2200 4800 900）→在绘图区域单击。

（2）轴网标注（ZWBZ）

◆轴网柱子→轴网标注→选中单侧标注→单击下开间最左侧线（起始轴线）→单击下开间最右侧线（终止轴线）→单击左进深最下方线（起始轴线）→单击左进深最上方线（终止轴线）。

绘图结果如图 5-2 所示。

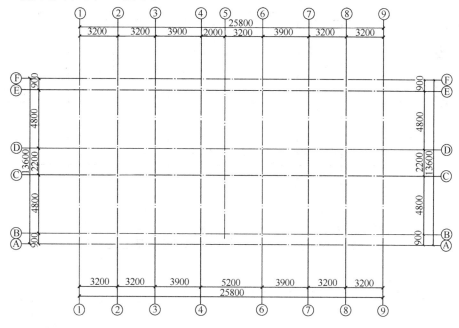

图 5-2　轴网与轴网标注图

（3）轴改线型（ZGXX）

◆轴网柱子→轴改线型（将轴线改成点画线）。

（4）将①轴向上偏移 900，并进行夹点拉伸

◆O→900（900 为偏移的距离）→单击①轴→在①轴上方单击。

选中 MN 直线，进行夹点的拉伸，结果如图 5-3 中的 MN 直线所示。

（5）轴线裁剪（ZXCJ）

办公楼一层平面图墙体的绘制，若是对轴线进行裁剪，绘制墙体会更快。下面介绍对©-①与①-⑨轴之间的轴线进行裁剪的方法与步骤。

◆轴网柱子→轴线裁剪→关闭对象捕捉与对象追踪（容易捕捉到别的点，所以关闭）→在 A 点处单击→在 B 点处单击如图 5-3 所示。

其他需要裁剪的地方采用同样的方法完成，结果如图 5-4 所示。

（6）使用单线变墙（DXBQ）命令绘制墙体

◆墙体→单线变墙→在"单线变墙"对话框中进行参数设置，如图 5-5 所示→交叉框选中所有的轴线→回车，结果如图 5-6 所示。

2. 插入窗（MC）

（1）窗 C1 的插入，使用墙段等分插入，窗 C1 插入到⑥轴与①-②轴之间的墙段上。

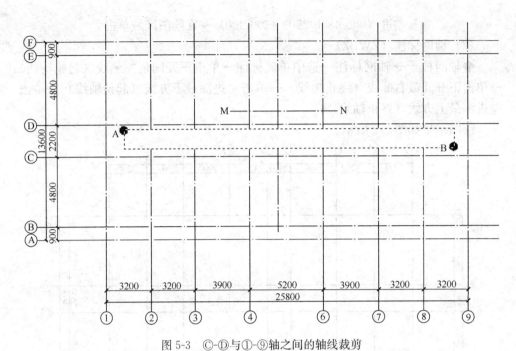

图 5-3　ⓒ-ⓓ与①-⑨轴之间的轴线裁剪

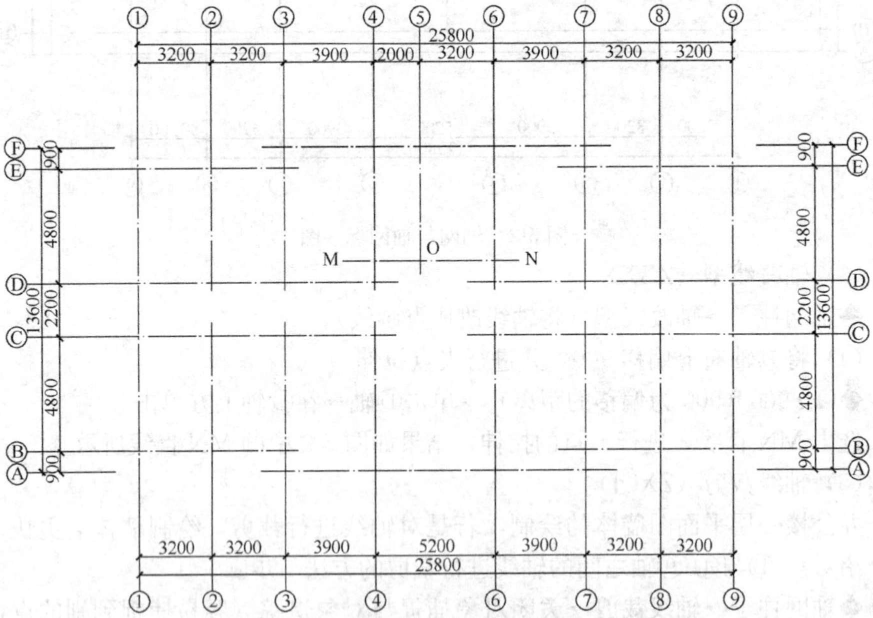

图 5-4　轴线裁剪后的图形

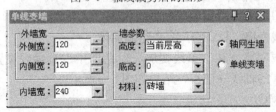

图 5-5　"单线变墙"对话框

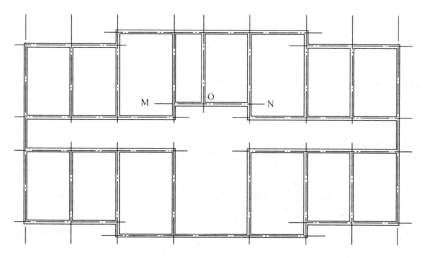

图 5-6　完成后的墙体

◆门窗→门窗→参数设置如图 5-7 所示→在Ⓕ轴与①-②轴之间的墙段上单击。

图 5-7　"窗"对话框

依次将平面图上所有的 C1 插入。

（2）C2、C3、C4 按 C1 的设置方法与插入方法完成，窗的参数可以查询图 5-8 中的数据。

门　窗　表					
类型	名称	编号	洞口尺寸	数量	备注
门	单扇平开门	M1	900×2100	48	
	单扇平开门	M2	800×2100	4	
	双扇推拉门	M3	1960×2400	2	
	四扇推拉门	M4	3400×2800	1	
窗	普通铝合金窗	C1	1800×1800	32	C4 窗台高 2600，C3 窗台高 1700，其余均为 900
	普通铝合金窗	C2	2000×1800	16	
	普通铝合金窗	C3	1500×1800	4	
	高窗	C4	1200×600	4	
	普通铝合金窗	C5	1960×1800	6	
	普通铝合金窗	C6	3400×1800	3	

图 5-8　门窗表

3. 插入门（MC）

（1）门 M1 的插入，使用垛宽定距插入，将 M1 插入到①轴与①-②轴之间的墙段上。

◆门窗→门窗→参数设置如图 5-9 所示→在①轴与①-②轴之间的墙段上，靠近②轴处单击。

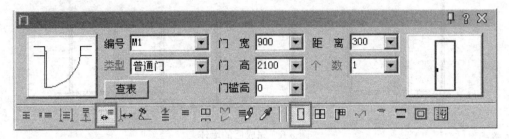

图 5-9 "门" 对话框

依次将平面图上所有的 M1 插入。

（2）M2、M3、M4、M5、M6 参照 M1 的设置方法与插入方法完成，门的参数可以查询图 5-8。

4. 对图形进行尺寸标注，插入柱子，制作门窗表，并进行三维视图观察。

（1）尺寸标注

◆门窗标注 Mcbz；

◆墙厚标注 Qhbz；

◆逐点标注 Zdbz（用法与 AutoCAD 连续标注相同），标注细部尺寸。

（2）柱子的插入与编辑

标准柱：240×240　　圆柱：$R=200$

（3）门窗名称与门窗表

制作单层门窗表。

（4）视图

显示视图、视觉样式、动态观察工具栏，对图形进行三维视图观察。

5. 房间与卫生间布置，并进行文字标注。

◆房间屋顶→搜索房间 Ssfj→将 "标注面积"、"屏蔽背景" 的钩取消，如图 5-10 所示→选择整个平面图→回车。

图 5-10 "搜索房间" 对话框

◆双击文字→输入文字→依次编辑文字。

布置厕所洁具（图中未说明的都采用默认值）。

洁具包括大便器、洗手盆、拖布池、地漏。

6. 绘制楼梯、台阶、散水，并进行符号标注。

（1）插入双跑楼梯（Splt）

◆楼梯其他→双跑楼梯 Splt→3600（踏步高度）→24（踏步总数）→270（踏步宽度）→2960（梯间宽）→150（井宽）→确定→1400（平台宽度）→中间层→在楼梯间的左上角点单击。

◆选中楼梯→右键单击→选对象编辑→选首层。

（2）绘制 M4 处左边的挡墙，尺寸是 500×2700，使用 PL 命令绘制，然后镜像生成右边的挡墙。

◆PL→在 A 点处单击（图 5-11）→鼠标水平向左后输入 500→鼠标垂直向下后输入 2700→鼠标水平向右后输入 500→C（闭合）。

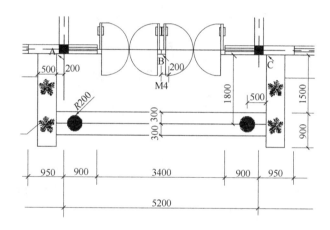

图 5-11　挡墙与台阶

◆Mi→选择左边的挡墙→回车→在 M4 的中点位置 B 点处单击（镜像的第一点）→鼠标垂直向下后单击（镜像的第二点）。

（3）在 M4 处插入矩形单面台阶（参数设置如图 5-12 所示）。

图 5-12　台阶参数设置

◆台阶 Tj→矩形单面台阶（第一个样式）→450（台阶总高）→300（踏步宽度）→150（踏步高度）→3（踏步数目）→1500（平台宽度）→在图 5-11 中的 A点处单击，作为台阶的起点→在图 5-11 中的 C 点处单击，作为台阶的终点。

（4）M3 处的台阶（矩形三面台阶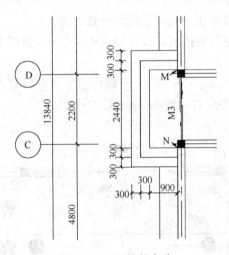）。

◆台阶 Tj→矩形三面台阶→450（台阶总高）→300（踏步宽度）→900（平台宽度）→在图 5-13 中的 M 点处单击（阳台的起点，即Ⓓ轴与①轴柱子左上角点）→在图 5-13 中的 N 点处单击（阳台终点，在Ⓒ轴与①轴柱子左下角点）。

图 5-13　M3 处的台阶

（5）散水

◆散水 Ss→600（散水宽度）→0（偏移距离）→450（室内外高差）→勾选"创建室内外高差平台"→选择整个平面图→回车。

（6）±0.000 的标注

◆符号标注→标高标注→勾选"手工输入"→在楼层标高下输入 0.000→在过道处单击→选中标高方向后单击。

（7）指北针

◆符号标注→画指北针→ 在图上单击→ 在指向北的方向单击。

（8）图名

◆符号标注→图名标注→输入首层平面图→在图名的位置单击。

（9）剖切符号

◆符号标注→剖面剖切→输入剖切编号→回车→在第一个剖切点单击（在Ⓕ轴、⑥轴上方）→在第二个剖切点单击（鼠标垂直向下，在Ⓐ轴、⑥轴下方）。

（10）索引标注

标注楼梯间与卫生间的位置。

（11）插入 A3 图框

◆文件布图→插入图框→在屏幕上单击一点。

7. 应用 AutoCAD 命令将图形绘制完成。

8. 保存文件，文件名为"实训 5 办公楼一层平面图 . dwg"。

五、拓展实训项目

绘制某私人别墅建筑施工图的一层平面图，如图 5-14 所示。

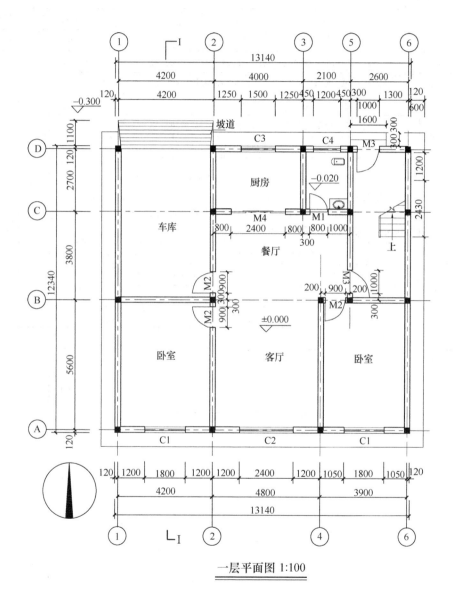

一层平面图 1:100

图 5-14 某私人别墅一层平面图

六、实训项目评价表

实训项目评价表

项目名称		办公楼一层平面图的绘制		专业名称		
实训时间		实训地点		姓名		
任课教师		实训班级		评价得分		
评 价 项 目				自评	互评	师评
				30%	30%	40%
专业技能 (60%)	绘制图形 (25分)	能熟练绘制轴线、墙体、门窗，搜索房间，插入洁具	10分			
		能熟练运用所学的 AutoCAD 命令绘制图形	10分			
		能在不同视图中进行转换	5分			
	编辑操作 (25分)	灵活运用天正软件中的对象编辑命令编辑图形	10分			
		能熟练运用 AutoCAD 命令编辑图形	10分			
		能在 word，png，dwg，exls 文件中进行切换操作	5分			
	识图能力 (10分)	识图准确并能快速地进行图形的绘制，能依据图样选用合适的图框	10分			
职业能力 (40%)	自我管理能力（纪律） （10分）					
	团队合作能力 （10分）					
	解决问题的能力 （10分）					
	创新与自我提高的能力 （10分）					
小计						
心得体会：				综合评价		
成果展：						

办公楼三维建筑模型图的生成

一、实训目的及要求

熟练进行文件的存储操作，运用天正命令与 AutoCAD 命令进行文件中各楼层平面图的处理，最终生成办公楼三维建筑模型图，并运用各种视图进行观察。

二、实训成果

实训成果如图 6-1 所示。

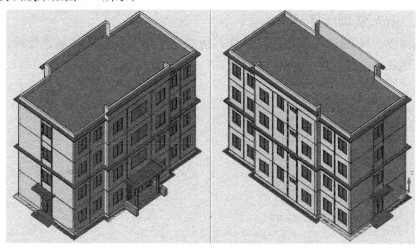

图 6-1　办公楼三维建筑模型

三、实训内容

1. 文件的熟练操作。

2. 修改标准层平面图。

3. 修改屋顶层平面图。

4. 楼层表的创建。

5. 各视图观察图形。

6. 将文件保存为"办公楼三维建筑模型.dwg"。

四、实训方法与步骤

1. 制作各楼层的平面图

（1）一层平面图的绘制，如图5-1所示。

打开实训项目5的"实训项目5 办公楼一层平面图.dwg"文件，并将该文件另存为"办公楼.dwg"，本项目都在此文件上操作，若是有锁定的图层，将锁定的图层全部解锁。

（2）利用一层平面图编辑绘制二层平面图，见图6-2办公楼二层平面图。

（3）利用二层平面图编辑绘制三层平面图，见图6-3办公楼三层平面图。

（4）利用三层平面图编辑绘制四层平面图，见图6-4办公楼四层平面图。

（5）利用四层平面图编辑绘制屋面平面图，见图6-5办公楼屋面平面图。

2. 生成三维建筑模型图

将"办公楼.dwg"中的平面图进行三维组合操作，生成三维建筑模型，将该模型保存为"办公楼三维建筑模型.dwg"文件，如图6-1所示。

五、拓展实训项目

根据图5-14的一层平面图，设计其他楼层平面图（楼层与屋顶样式自定），生成三维建筑模型图。

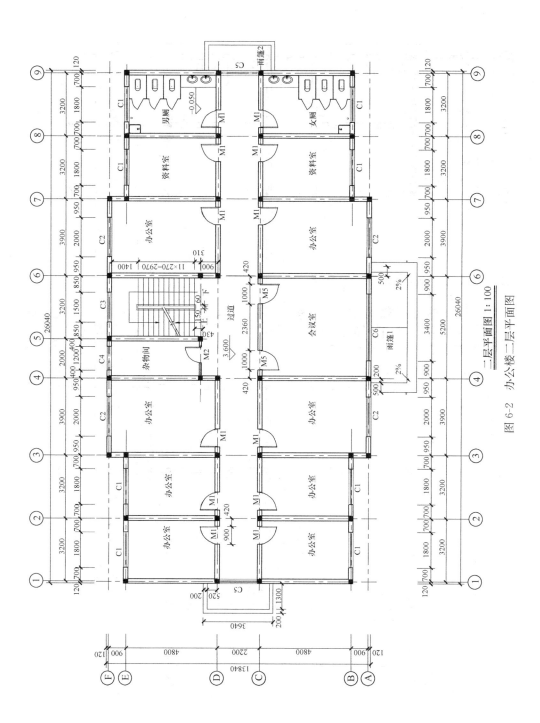

二层平面图 1:100

图 6-2 办公楼二层平面图

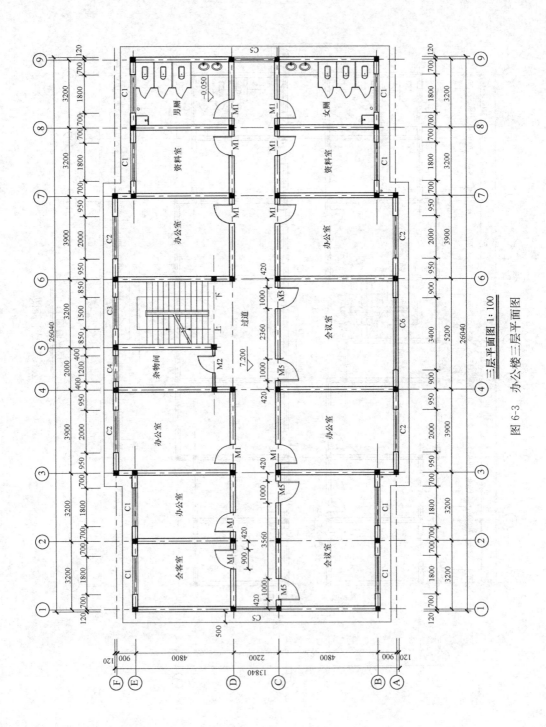

三层平面图 1:100

图 6-3 办公楼三层平面图

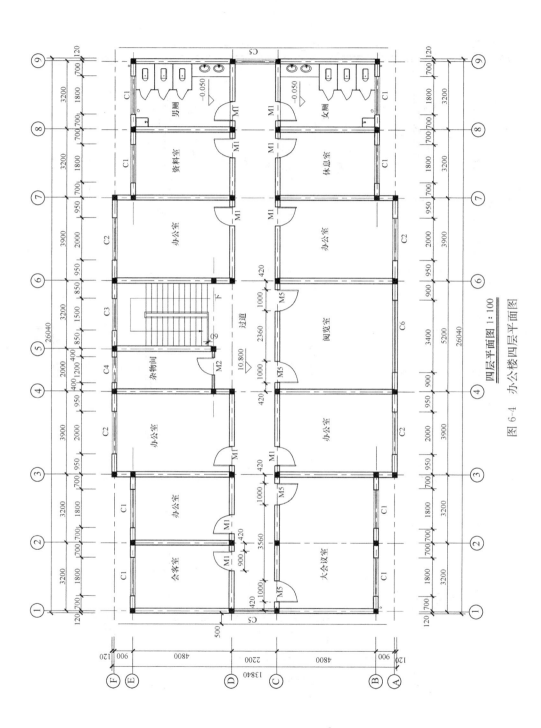

四层平面图 1:100

办公楼四层平面图

图 6-4

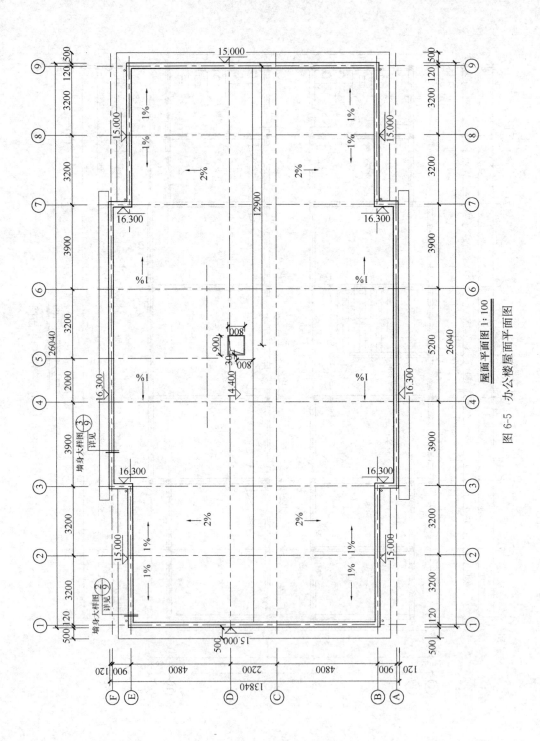

屋面平面图 1:100

图 6-5 办公楼屋面平面图

34

六、实训项目评价表

实训项目评价表

项目名称	办公楼三维建筑模型图的生成			专业名称		
实训时间		实训地点		姓名		
任课教师		实训班级		评价得分		

评价项目				自评 30%	互评 30%	师评 40%
专业技能 （60%）	绘制图形 （25分）	能熟练创建2～4层平面图	10分			
		能熟练创建屋面平面图	10分			
		能快速设置楼层表并创建三维图	5分			
	编辑操作 （25分）	能熟练编辑2～4层平面图	10分			
		能熟练编辑屋面平面图	10分			
		能熟练进行图形编辑	5分			
	识图能力 （10分）	能看懂2～4层平面图、屋面平面图，并快速选择命令进行绘制与编辑	10分			
职业能力 （40%）	自我管理能力（纪律） （10分）					
	团队合作能力 （10分）					
	解决问题的能力 （10分）					
	创新与自我提高的能力 （10分）					
小计						
心得体会：				综合评价		
成果展（只展示二～四层平面图、屋面平面图的其中之一）：						

办公楼建筑立面图的绘制

一、实训目的及要求

熟练进行楼层表的操作，生成①-⑨立面图，对照各楼层的平面图，运用天正命令与 AutoCAD 命令进行立面图的修改，最终完成办公楼立面图的制作，如图 7-1 所示。

二、实训成果

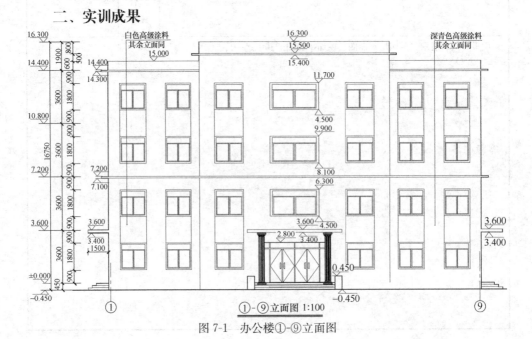

图 7-1 办公楼①-⑨立面图

三、实训内容

1. 查看楼层表是否正确，如不正确，重新进行楼层表的创建。
2. 生成立面图。
3. 对照平面图修改立面图。
4. 替换立面图中的门窗。
5. 文件的保存。

四、实训方法与步骤

1. 生成立面图

（1）打开实训项目 6 绘制的"办公楼.dwg"文件。

（2）文件布图→工程管理→新建工程（图 7-2）→办公楼.tpr（新建一个工程文件）→保存。

（3）点击"楼层"→按照图 7-3 中的数据设置楼层表。

（4）单击"建筑立面"（图 7-3）→输入 F（正立面）→单击①、⑨号轴线→回车→单击生成立面→输入"①-⑨立面图.dwg"作为文件名→点击"保存"按钮。

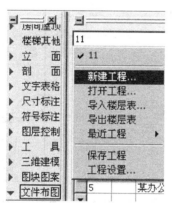

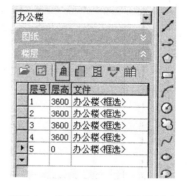

图 7-2 "工程管理"下的新建工程　　图 7-3 "工程管理"下的楼层表

2. 参照平面图修改立面图，可参考图 7-1 进行修改。

3. 单击"立面"菜单，替换门、窗、阳台，修改其样式。

（1）立面门窗→单击"＋"展开→单击"＋立面窗"展开→选择一种门窗，在上面单击鼠标右键→选"替换图块"→在立面图上单击窗，直至所有的窗替换完成。

（2）其他正面的门、窗、阳台也采用同样的方法进行替换。

4. 将"①-⑨立面图.dwg"文件中的所有对象复制到"办公楼.dwg"文件中。

（1）按快捷键"Ctrl"＋"A"，选中立面图中所有图形。

（2）打开"办公楼.dwg"文件，并确认当前操作在该文件下。

（3）按快捷键"Ctrl"＋"V"，将立面图粘贴到该文件中，并布置好图形。

（4）按下快捷键"Ctrl"＋"S"，再次保存"办公楼.dwg"文件。

五、拓展实训项目

办公楼立面图的绘制，选绘图 7-4～图 7-6 的其中之一。

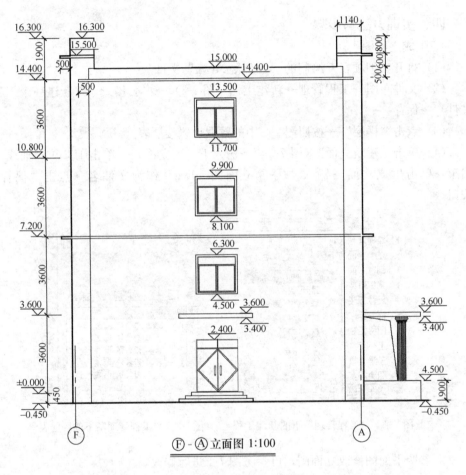

⑤-Ⓐ立面图 1:100

图 7-4　办公楼⑤-Ⓐ立面图

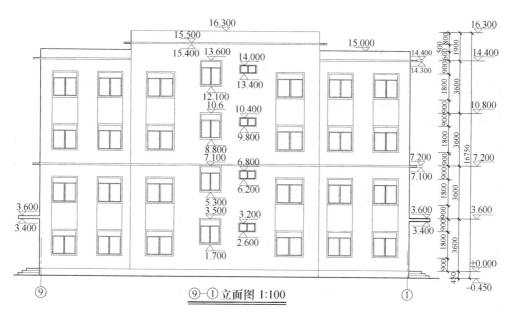

⑨-①立面图 1:100

图 7-5　办公楼⑨-①立面图

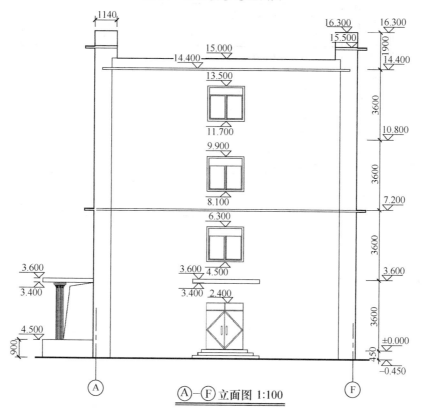

Ⓐ-Ⓕ立面图 1:100

图 7-6　办公楼Ⓐ-Ⓕ立面图

六、实训项目评价表

实训项目评价表

项目名称			办公楼建筑立面图的绘制		专业名称		
实训时间		实训地点			姓名		
任课教师		实训班级			评价得分		
评价项目					自评	互评	师评
					30%	30%	40%
专业技能 （60%）	绘制图形 （25分）		熟练运用立面菜单下的命令绘制①-⑨立面图	10分			
			熟练运用立面菜单下的命令绘制⑨-①立面图	10分			
			能熟练创建楼层表	5分			
	编辑操作 （25分）		能熟练运用立面菜单下的命令替换门、窗、阳台	10分			
			在立面图上删除多余的线条，添加缺少的线条	10分			
			熟练进行图案的填充	5分			
	识图能力 （10分）		识图准确并能快速进行图形的绘制	10分			
职业能力 （40%）	自我管理能力（纪律）		（10分）				
	团队合作能力		（10分）				
	解决问题的能力		（10分）				
	创新与自我提高的能力		（10分）				
小计							
心得体会：					综合评价		
成果展：							

40

办公楼 2-2 楼梯剖面图的绘制

一、实训目的及要求

熟练创建剖面图,对照各楼层的平面图,运用天正命令与 AutoCAD 命令进行剖面图的编辑,最终完成图 8-1 办公楼 2-2 楼梯剖面图。

提示:在绘制办公楼 2-2 楼梯剖面图时参考图 5-1、图 6-2~图 6-5、图 8-7 中的平面图。

二、实训成果

实训成果如图 8-1 所示。

三、实训内容

1. 生成楼层表。
2. 生成剖面图。
3. 使用天正软件剖面菜单下的命令修改剖面图。
4. 使用 AutoCAD 命令修改剖面图。
5. 文件的保存与传输。

四、实训方法与步骤

1. 准备工作

打开实训项目 6 绘制的"办公楼.dwg"文件。

2. 作楼层表

单击"文件布图"→工程管理→单击最上方的下拉列表框→打开工程→选择"11.tpr"→打开。

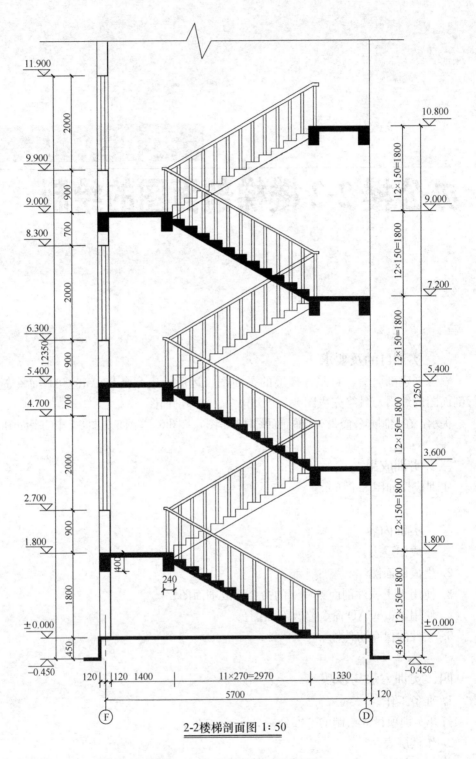

11.900

2000

9.900

900

9.000

700

8.300

2000

6.300

12350

900

5.400

700

4.700

2000

2.700

900

1.800

400

240

1800

± 0.000

450

−0.450

10.800

12×150=1800

9.000

12×150=1800

7.200

12×150=1800

5.400

11250

12×150=1800

3.600

12×150=1800

1.800

12×150=1800

± 0.000

450

−0.450

120 120 1400   11×270=2970   1330

5700   120

F   D

2-2楼梯剖面图 1: 50

图 8-1 办公楼 2-2 楼梯剖面图

若是没有"11.tpr"工程文件，则新建工程文件，图层表的数据按图8-2设置，方法如下：

单击"楼层"→数据设置如图8-2所示。

◆1（输入层号）→光标放在1层后的文件下→单击▣（在当前图中框选图形范围）→单击第一个角点（一层平面图所在的左上方）→单击另一个角点（将图形全部框选中）→在①轴与Ⓐ轴的交点处单击（对齐点）。

层号	层高	文件
1	3600	办公楼<框选>
2	3600	办公楼<框选>
3	3600	办公楼<框选>
4	3600	办公楼<框选>
5	0	办公楼<框选>

图8-2 楼层表数据

◆2（输入层号）→光标放在2层后的文件下→单击▣（在当前图中框选图形范围）→单击第一个角点（二层平面图所在的左上方）→单击另一个角点（将图形全部框选中）→在①轴与Ⓐ轴的交点处单击（对齐点）。

◆3（输入层号）→光标放在3层后的文件下→单击▣（在当前图中框选图形范围）→单击第一个角点（三层平面图所在的左上方）→单击另一个角点（将图形全部框选中）→在①轴与Ⓐ轴的交点处单击（对齐点）。

◆4（输入层号）→光标放在4层后的文件下→单击▣（在当前图中框选图形范围）→单击第一个角点（三层平面图所在的左上方）→单击另一个角点（将图形全部框选中）→在①轴与Ⓐ轴的交点处单击（对齐点）。

◆5（输入层号）→光标放在5层后的文件下→单击▣（在当前图中框选图形范围）→单击第一个角点（三层平面图所在的左上方）→单击另一个角点（将图形全部框选中）→在①轴与Ⓐ轴的交点处单击（对齐点）。

◆修改各楼层的层高。

3. 创建剖面图

（1）在"工程管理"中单击"建筑剖面"▣→单击图8-7中的2-2剖切符号→依次单击Ⓕ、Ⓓ轴线→回车→单击生成剖面→输入"2-2楼梯剖面图.dwg"作为文件名→单击保存。

（注意：此时生成的剖面图不建议移动。）

（2）加上图名（2-2楼梯剖面图1：50）与轴号。

（3）对照一层平面图，修改各个墙段。

（4）在一层加上楼板（Ⓕ-Ⓓ轴之间）。

◆剖面→双线楼板（SXLB）→在楼板的左上角位置单击（起始点）→在楼板的右上角位置单击（结束点）→0（楼板顶面标高）→100（厚度）→回车。

（5）用H命令填充剖切楼板。

（6）将原来的楼梯全部删除。

4. 插入剖面楼梯

（1）插入剖切楼梯

◆剖面→参数楼梯（CSLT）→单击"左高右低"→单击"选休息板"（只需

43

要左休息板）→单击"切换基点"（切换到左休息板处）→选择"剖切楼梯"→勾选"填充"→勾选"自动转向"→勾选"栏杆"。

◆在图 8-3 中单击"详细参数"后弹出如图 8-4 所示对话框→1800（梯段高）→12（踏步数）→270（踏步宽）→100（楼梯板厚）→100（休息板厚）→1400（左休息板宽）→1330（右休息板宽）→勾选"楼梯梁"→400（梁高）→240（梁宽）→在图 8-5 中 A 点处插入楼梯。

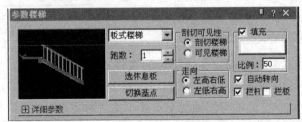

图 8-3 参数楼梯

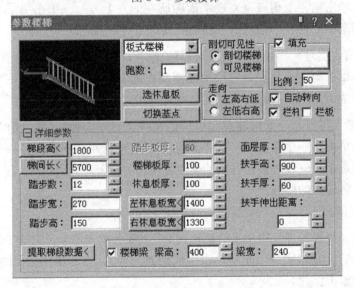

图 8-4 参数楼梯中的详细参数

（2）在插入上一个楼梯后，楼梯自动转向，单击切换基点（切换到左休息板处），在图 8-5 中 A 点处插入楼梯。

（3）连接好休息平台处的扶手。

◆剖面→扶手接头（FSJT）→回车（扶手伸出距离默认为 150）→回车（默认为增加栏杆）→框选上两段扶手（如果只是一段扶手，只框选一段）→回车。

所有需要连接扶手的地方采用同样的方法完成。

（4）参照图 8-1 用 Tr 命令修改栏杆与扶手。

5. 加梁

梁高 400，宽 240。

（1）◆剖面→加剖断梁（JPDL）→在二楼板的 A 点处单击（起始点）→0

（梁左侧到参照点的距离）→240（梁右侧到参照点的距离）→400（梁底边到参照点的距离）。

或者采用矩形绘制，再填充。

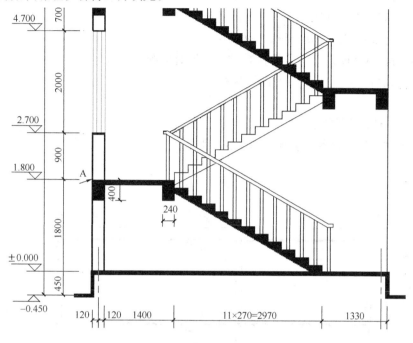

图 8-5　楼梯插入位置

（2）填充梁。

（3）用复制命令将梁复制到其他目标位置。

6. 加粗墙，线宽设为 60，可以使用 PL 命令，也可使用矩形命令 Rec。

◆PL→在需要加粗墙的起点位置单击→W→60（起点宽）→60（终点宽）→在目标点单击。

或者◆Rec→W→60（线宽）→在另一个角点单击。

所有需要加粗的墙段均可采用以上方法完成。

7. 将楼梯与梁向上阵列

绘制好一层后，用阵列命令向上阵列 3 行。

（1）◆Ar→回车→3（行）→1（列）→3600（行偏移）→0（列偏移）→单击选择对象→选择二楼的楼梯与梁（建议用窗口方式选择）→回车→单击确定。

（2）将未连接的楼梯扶手接头绘制完成。

◆剖面→扶手接头（FSJT）→150（默认扶手伸出距离为 150）→回车（增加栏杆）→框选上需要连接的两段扶手（如果只是一段扶手，只框选一段）→回车。

8. 使用尺寸标注与符号标注完成图 8-1 中所有的标注。

9. 绘制地坪线，线宽使用 100，用 PL 命令绘制。

10. 加折断线，如图 8-1 所示。

◆符号标注→加折断线（JZDX）→单击起点→单击终点。

11. 文件的处理

(1) 直接单击"保存"，此时文件名为"2-2 楼梯剖面图 . dwg"。

(2) 按"CTRL"＋"A"选择文件中的全部图形对象。

(3) 然后按"CTRL"＋"C"键进行复制。

(4) 切换到"办公楼 . dwg"文件中。

(5) 按"CTRL"＋"V"键粘贴，将所有的图形布置好。

(6) 最后按"CTRL"＋"S"保存文件。

五、拓展实训项目

办公楼 1-1 剖面图的绘制，如图 8-6 所示。

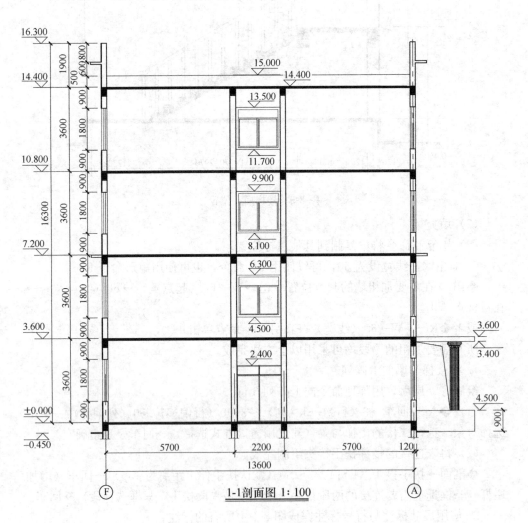

图 8-6　办公楼 1-1 剖面图

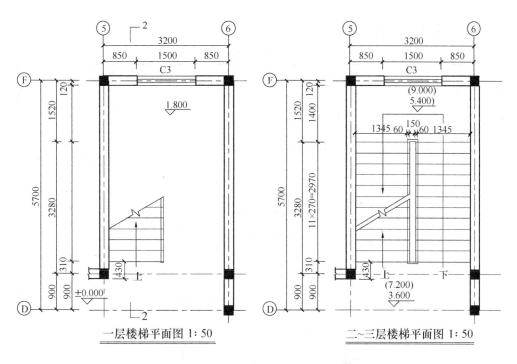

一层楼梯平面图 1:50

二~三层楼梯平面图 1:50

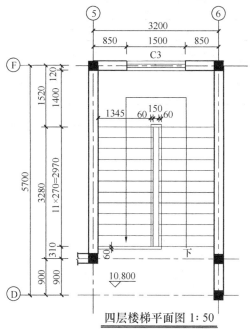

四层楼梯平面图 1:50

图 8-7 办公楼楼梯平面图

六、实训项目评价表

实训项目评价表

项目名称		办公楼 2-2 楼梯剖面图的绘制		专业名称		
实训时间		实训地点			姓名	
任课教师		实训班级			评价得分	
评价项目				自评 30%	互评 30%	师评 40%
专业技能（60%）	绘制图形（25分）	熟练绘制 2-2 剖面	10分			
		熟练绘制 1-1 剖面	10分			
		楼层表的创建	5分			
	编辑操作（25分）	能熟练运用天正软件剖面菜单下的命令编辑图形	10分			
		能熟练运用 AutoCAD 命令编辑图形	10分			
		天正命令与 AutoCAD 命令快速交换使用	5分			
	识图能力（10分）	识图准确并能快速绘制图形	10分			
职业能力（40%）	自我管理能力（纪律）		（10分）			
	团队合作能力		（10分）			
	解决问题的能力		（10分）			
	创新与自我提高的能力		（10分）			
小计						
心得体会：				综合评价		
成果展：						

某别墅建筑施工图的绘制

一、实训目的及要求

在绘图时，可选择部分图形绘制，绘制内容由指导教师指定。利用天正、AutoCAD命令熟练地进行平面图、立面图、剖面图、详图的绘制，总结出绘图的技巧。此实训项目若在课堂上没有完成，可以在课后完成，再将实训 9 的评价表一同传给指导教师。

二、实训成果

实训成果如图 9-1～图 9-14 所示。

三、实训内容

1. 绘制某别墅一层、二层、三层、屋顶层平面图，如图 9-1～图 9-4 所示。

2. 绘制某别墅立面图，如图 9-5～图 9-8 所示。

3. 绘制某别墅剖面图，如图 9-9～图 9-10 所示。

4. 绘制某别墅的楼梯平面图，如图 9-11 所示。

5. 绘制某别墅的门窗表与门窗大样图，如图 9-12～图 9-14 所示。

6. 保存文件，文件名为"某别墅建筑施工图.dwg"。

四、实训方法与步骤

按照之前学习的方法完成此实训项目。

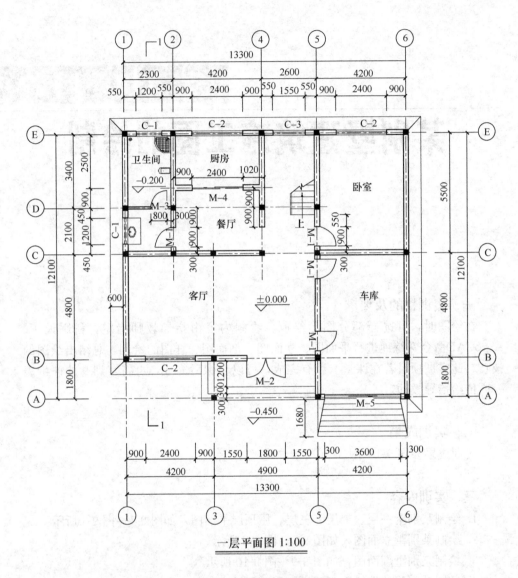

一层平面图 1:100

图 9-1 某别墅一层平面图

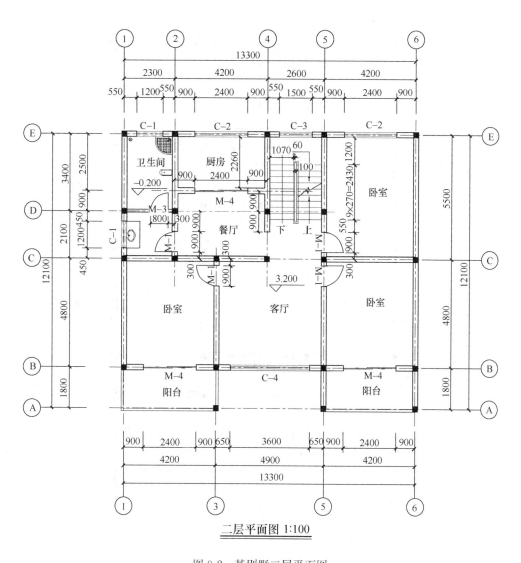

二层平面图 1:100

图 9-2 某别墅二层平面图

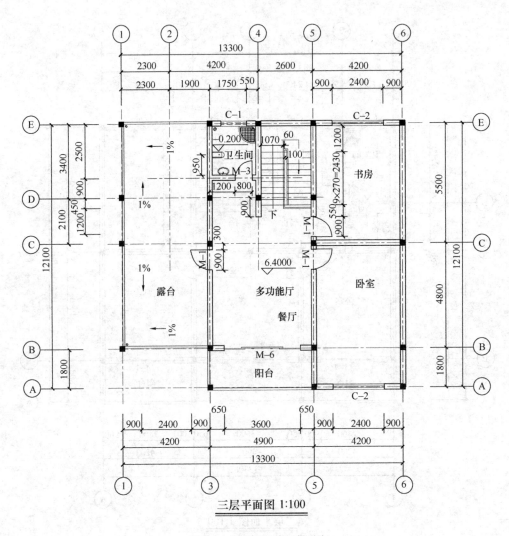

三层平面图 1:100

图 9-3　某别墅三层平面图

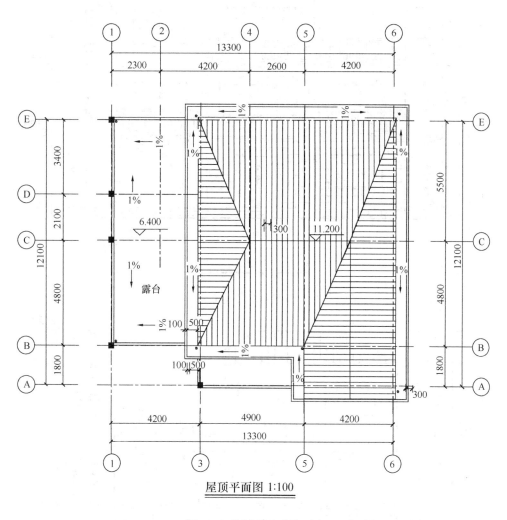

屋顶平面图 1:100

图 9-4　某别墅屋顶平面图

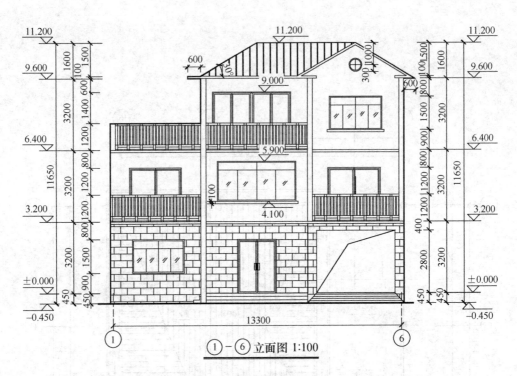

①-⑥ 立面图 1:100

图 9-5 某别墅①-⑥立面图

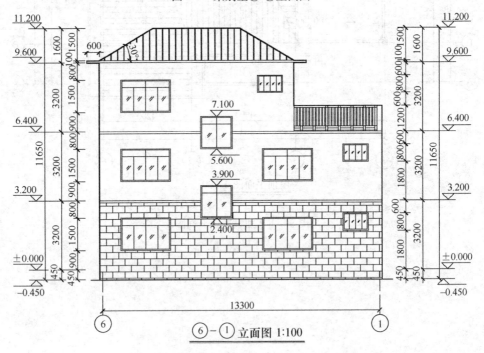

⑥-① 立面图 1:100

图 9-6 某别墅⑥-①立面图

54

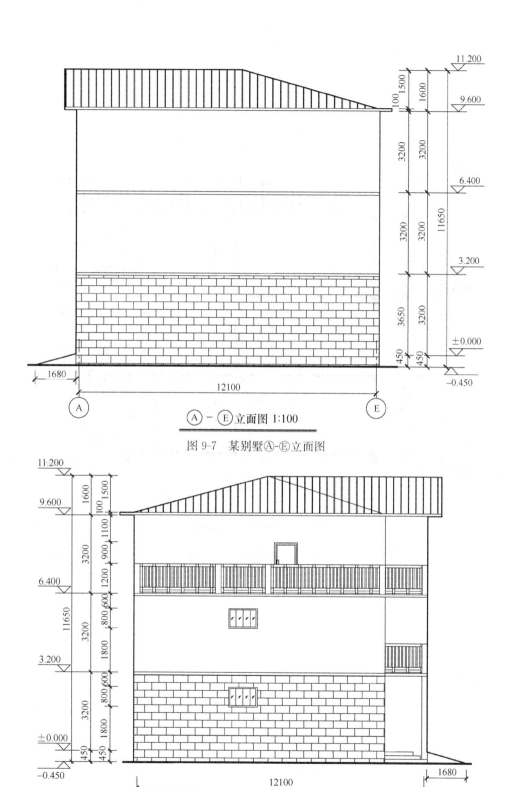

11.200

100 1500
1600
9.600

3200
3200

6.400

11650

3200
3200

3.200

3650
3200

±0.000

450
450

−0.450

1680

12100

Ⓐ　　　　　　　　　　Ⓔ

Ⓐ − Ⓔ 立面图 1:100

图 9-7　某别墅Ⓐ-Ⓔ立面图

11.200

1600
100 1500
9.600

1100
3200
900 1200

6.400

600 1200
11650
800

3200

1800

3.200

600
800

3200

1800

±0.000

450
450

−0.450

Ⓔ　　　　　　　　　　Ⓐ

12100

1680

Ⓔ − Ⓐ 立面图 1:100

图 9-8　某别墅Ⓔ-Ⓐ立面图

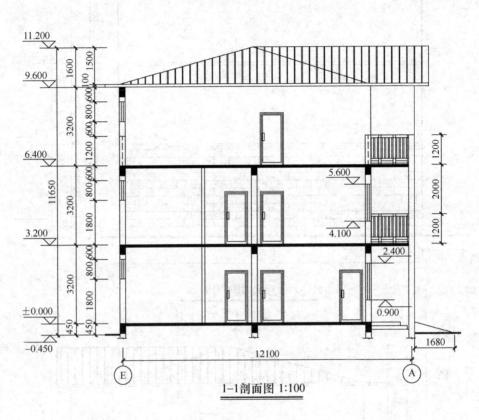

1-1剖面图 1:100

图 9-9 某别墅 1-1 剖面图

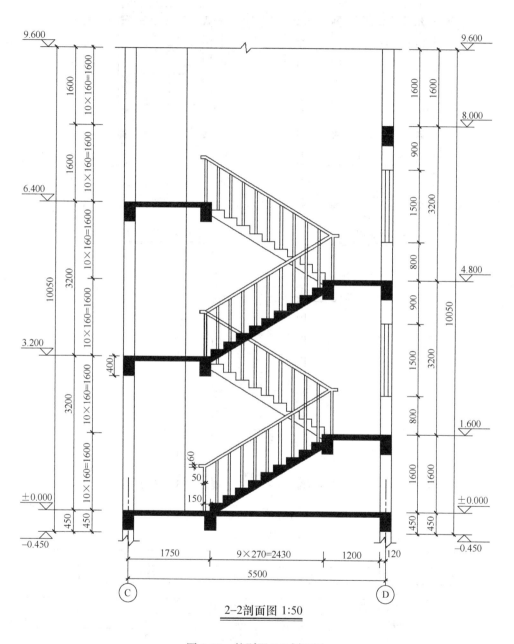

9.600

1600 $10\times160=1600$

1600 $10\times160=1600$

6.400

10050 3200 $10\times160=1600$

3.200

3200 $10\times160=1600$

400

±0.000

$10\times160=1600$

60

50

150

450 450

−0.450

9.600

1600 1600

8.000

900

1500 3200

800

4.800

900

10050 3200

1500

800

1.600

1600 1600

±0.000

450 450

−0.450

1750 9×270=2430 1200 120

5500

C D

2-2剖面图 1:50

图 9-10　某别墅 2-2 剖面图

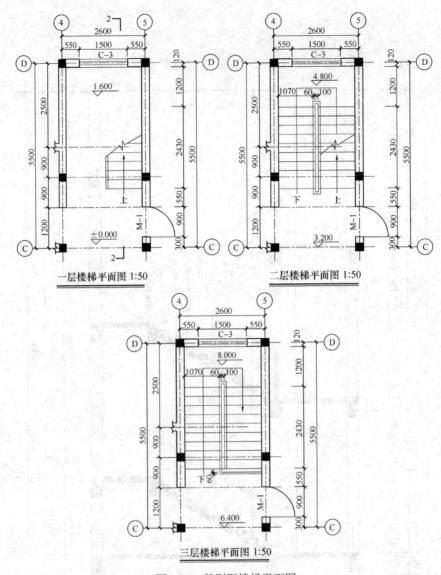

图 9-11　某别墅楼梯平面图

门窗表					
类型	名称	编号	洞口尺寸	数量	备注
门	单扇平开门	M1	900×2100	11	
	双扇平开门	M2	1800×2400	1	
	单扇推拉门	M3	800×2100	3	
	双扇推拉门	M4	2400×2400	2	
	卷帘门	M5	3600×2600	1	
	四扇推拉门	M6	3600×2600	1	
窗	普通铝合金窗	C1	1200×800	5	窗台高1800，其余均为900
	普通铝合金窗	C2	2400×1500	6	
	普通铝合金窗	C3	1500×1500	2	
	普通铝合金窗	C4	3600×1800	1	

图 9-12　某别墅门窗表

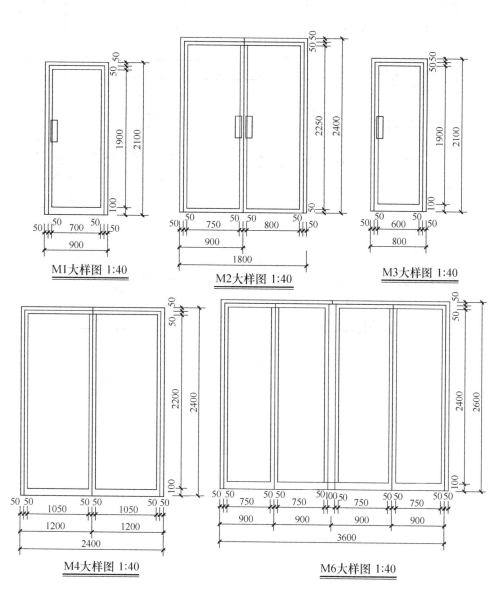

图 9-13　某别墅门大样图

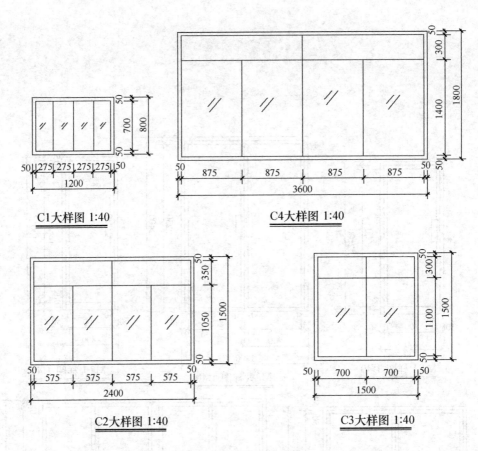

C1大样图 1:40

C4大样图 1:40

C2大样图 1:40

C3大样图 1:40

图 9-14　某别墅窗大样图

五、实训项目评价表

实训项目评价表

项目名称		某别墅建筑施工图的绘制		专业名称		
实训时间		实训地点		姓名		
任课教师		实训班级		评价得分		
评价项目				自评	互评	师评
				30%	30%	40%
专业技能 （60%）	绘制图形 （25分）	熟练运用天正命令绘制图形	10分			
		熟练运用 AutoCAD 命令绘制图形	10分			
		文件间的复制	5分			
	编辑操作 （25分）	熟练运用天正命令编辑图形	10分			
		熟练运用 AutoCAD 命令编辑图形	10分			
		键盘、鼠标操作的熟练程度	5分			
	识图能力 （10分）	识别图纸错误并改正	10分			
职业能力 （40%）	自我管理能力（纪律）　　（10分）					
	团队合作能力　　　　　　（10分）					
	解决问题的能力　　　　　（10分）					
	创新与自我提高的能力　　（10分）					
小　计						
心得体会：				综合 评价		
成果展（一层平面图）：						

成果展（正立面图、1-1 剖面图）